ÉTUDES CHIMIQUES ET MÉDICALES

SUR LES

EAUX MINÉRALES

DE CHATELDON

SOURCES DE LA MONTAGNE

(PUITS ANDRAL ET DU MONT-CARMEL)

PAR MM.

Ossian HENRY père,

Membre de l'Académie de Médecine et chef de
ses travaux chimiques, Membre de la Société
d'Hydrologie, Chevalier de la Légion d'hon-
neur, etc.

Ossian HENRY fils,

Médecin auxiliaire à l'Hôtel Impérial des
Invalides, chef adjoint des travaux chimiques de l'Académie de Médecine, Membre
de la Société d'Hydrologie, etc.

ET

Eugène-Benoît GONOD,

Pharmacien à Clermont-Ferrand, Membre de la Société de Botanique de France, etc.

CLERMONT-FERRAND

IMPRIMERIE DE FERDINAND THIBAUD

LIBRAIRE, RUE SAINT-GENÈS, 10

1858

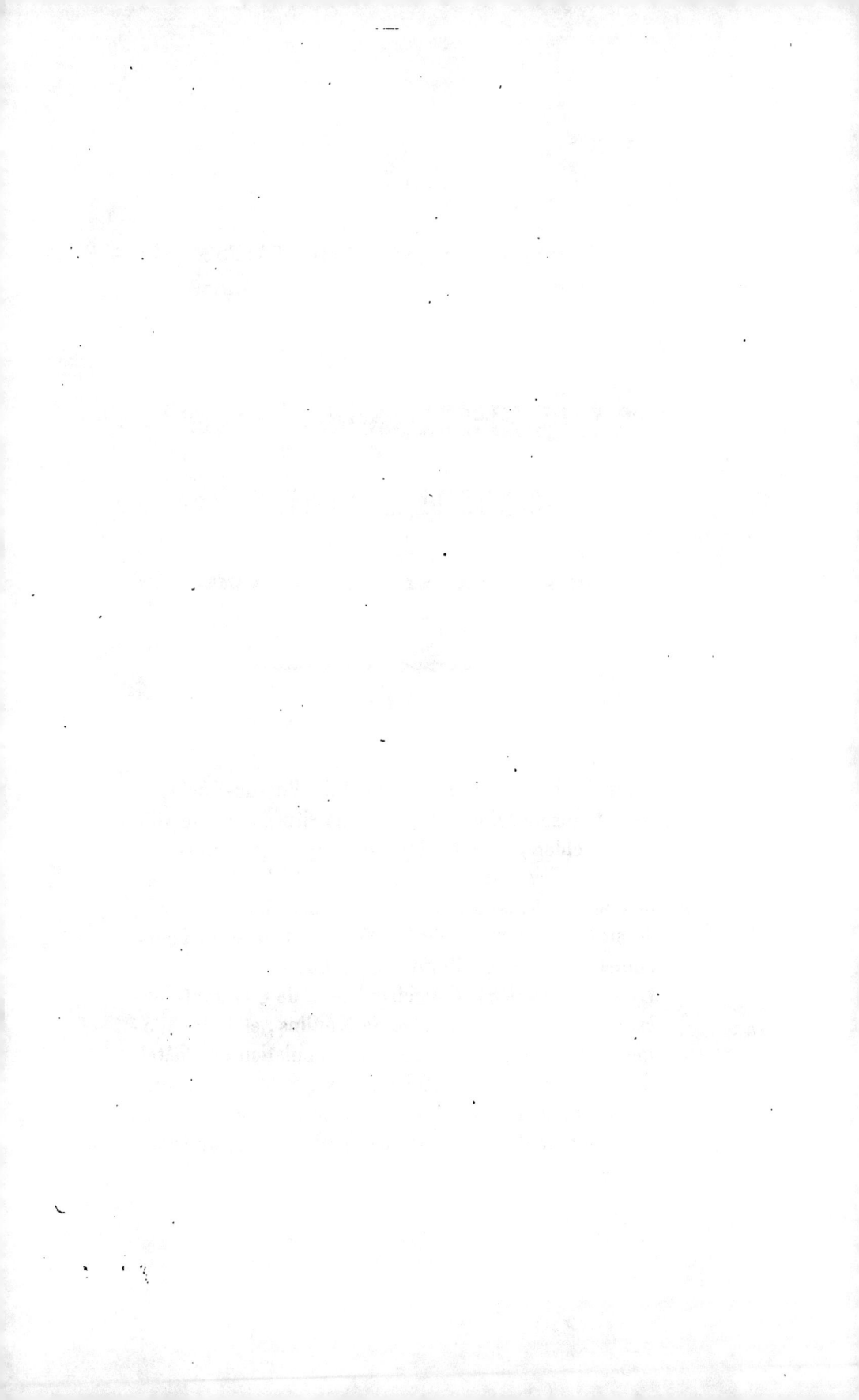

ÉTUDES CHIMIQUES ET MÉDICALES

SUR

LES EAUX MINÉRALES DE CHATELDON

SOURCES DE LA MONTAGNE

(PUITS ANDRAL ET DU MONT-CARMEL)

Sur les limites du département du Puy-de-Dôme, et aux confins de celui de l'Allier, est située la petite ville de Châteldon, célèbre déjà au moyen-âge, ainsi que l'attestent ses souvenirs historiques. Châteldon, chef-lieu de l'un des six cantons de l'arrondissement de Thiers, faisait autrefois partie de l'ancienne province du Bourbonnais; séparée de 39 myriamètres de Paris et de 15 de Lyon, elle est à 41 kilomètres N.-E. de Clermont-Ferrand, à une distance double de Moulins, et à 16 kilomètres de Vichy et de Thiers. La population de Châteldon est d'environ 1,700 habitants qui se livrent soit à la culture de la vigne, soit à l'art de la coutellerie qui, dans ce pays et le Bourbonnais, jouit, comme on le sait, d'une ancienne renommée.

Châteldon est heureusement situé à l'entrée de deux vallées qu'arrosent deux ruisseaux torrentueux, et qui, dominées par les dernières montagnes du Forez, viennent s'ouvrir dans la belle et fertile Limagne, presqu'au confluent de la Dore et de l'Allier. La ville est bâtie sur les sables granitiques, au pied de collines escarpées, dont la constitution géologique appartient au terrain primitif, feldspath, porphyre, quartz cristallisé avec filons de plomb sulfuré argentifère.

La campagne qui environne la ville se présente sous un aspect aussi varié que séduisant, ce sont coteaux couverts de vignes, verdoyantes prairies, vallées fertiles et riantes, montagnes arides et pittoresques. Mais si les environs de Châteldon méritent d'être connus, la ville par elle-même offre peu d'intérêt, si ce n'est aux artistes et aux antiquaires. C'est une ville toute moyenâge, avec ses rues étroites et mal percées, ses maisons entassées, humides et basses, dont quelques-unes sont construites en bois. Pour peindre Châteldon actuel, empruntons un instant la plume descriptive de M. L. Piesse (1) qui en donne le tableau suivant :

« Châteldon, dit-il, est un vrai type d'ancienne ville
» auvergnate, ses maisons accusent dans leurs détails
» l'architecture des XIIIe, XIVe et XVe siècle ; mais avec
» de vieux escaliers vermoulus faisant saillie au dehors,
» mais avec des toitures plates aux tuiles recroquevilliées,
» rougeâtres et moussues ; ajoutez à cela des rues étroi-
» tes, anguleuses que cotoie le Vauziron, offrant l'im-
» prévu à chaque détour ; bref, Châteldon a la physio-
» nomie d'une ville féodale, elle a oublié de faire sa
» toilette depuis 300 ans ! »

(1) L. Piesse. — *Vichy et ses environs*, in-8o, 1857.

On doit surtout visiter à Châteldon l'église et le château. L'église, œuvre du xiiie siècle, mais en partie
reconstruite dans ces derniers temps, faisait partie d'un
couvent de Cordeliers. On y remarque des tableaux de
grande dimension représentant les quatre Évangélistes,
copies passables des grands maîtres italiens; une chaire
en bois sculpté, ornée de statuettes d'un bon style, ouvrage d'un simple ouvrier du pays; enfin une descente
de croix due à l'habile pinceau de M. Poyet fils. Le château de Châteldon, assis sur une colline, domine la ville
et les deux vallons; cet antique manoir semble braver,
dans son enveloppe de lierre et de mousse, les injures
du temps. Construit, dit-on, en 1108, sous le règne de
Louis-le-Gros, il fut à cette époque une forteresse impo-
sante, si l'on en juge par les débris de ses tours et de
ses remparts.

Réparé avec beaucoup de soins par son propriétaire
actuel, le château de Châteldon réunit aujourd'hui, au
luxe confortable d'une habitation moderne, tout l'aspect
extérieur de son ancienne origine. Il renferme de nombreux objets historiques, tels que meubles, armes, ta-
pisseries, émaux, richesses si appréciées à notre époque! Tout a été disposé avec art, et le bon goût qui a
présidé à la restauration du château, en fait une vé-
ritable succursale de notre intéressant musée de Cluny.

Mais ce n'est pas seulement à ses souvenirs historiques
que Châteldon doit son ancienne renommée, c'est surtout aux sources minérales qu'elle possède, et dont l'é-
tude médicale et chimique a été le but de ce travail.

Les sources de Châteldon ont été découvertes en 1774
par M. Desbrets, docteur en médecine de l'Université
royale de Montpellier, qui devint inspecteur de ces
eaux nouvelles. C'est à lui qu'on en doit la première

analyse ; elle fut publiée dans un ouvrage qui parut en 1778, sur les eaux de Châteldon, de Vichy et d'Haute-rive (1), et dans cet exposé rapide et succinct des proprié-tés chimiques de l'eau de Châteldon (2), M. Desbrets in-sista sur l'union parfaite, qui existe entre les principes minéralisateurs, qu'on remarque dans l'*eau dite de la Montagne.*

Après M. Desbrets et presqu'à la même époque, l'exa-men de ces eaux fut entrepris par Sage, puis par Fourcy, sous les yeux de Raulin (3), alors inspecteur général des eaux minérales du royaume.

Bien que ces résultats auxquels furent conduits les savants dont nous venons de rappeler les noms, ne soient plus à la hauteur de la science moderne par suite du perfectionnement des procédés analytiques, nous rap-porterons néanmoins les principaux faits qu'ils ont ex-posés.

M. Desbrets le premier avait signalé que la terre ob-tenue de l'évaporation des eaux de Châteldon, séparée de la substance saline, fait effervescence avec les trois acides minéraux, mais que le vinaigre n'en fait au-cune (4). Par la coloration verte du sirop de violettes, il avait été conduit à admettre la présence de l'alcali minéral, et la teinte pourpre que la noix de galle com-

(1) Desbrets. — *Traité des Eaux minérales de Châteldon, de Vichy et d'Hauterive.* Paris-Moulins, 1778, in-12.

(2) Les sources de Châteldon découvertes par M. Desbrets furent désignées sous les noms de *Source des Vignes* et *Source de la Mon-tagne.* C'est de la seconde que nous nous occupons dans ce travail.

(3) Raulin. — *Parallèle des Eaux minérales de France et d'Alle-magne.* Paris, 1777 ; p. 104 et suiv. ; in-12.

(4) Desbrets. — Loc. cit., p. 54.

munique à ces eaux lui avait fait également penser à celle d'un principe ferrugineux.

Deux livres d'eau de la Montagne avaient donné par l'évaporation un résidu de 22 grains, soit 1 gr. 10 par litre.

Quelque temps après, M. Sage, démonstrateur de chimie, refit l'analyse de ces eaux, et obtint un résidu de 23 grains pour la même quantité d'eau, soit 1 gr. 15. Ces proportions se rapprochent beaucoup des nôtres, et prouveraient que les eaux de la Montagne ont, depuis cette époque, subi des variations peu sensibles dans leur composition chimique, puisque nous avons obtenu comme poids total des résidus salins, les nombres suivants :

POUR 1000 GRAMMES D'EAU ÉVAPORÉE.

Source Andral.	Source du Mont-Carmel.
1$^{gr.}$, 020	1$^{gr.}$, 025

Les résultats qu'obtinrent d'une part M. Sage et d'autre part M. Fourcy, confirmèrent ceux qui avaient été annoncés antérieurement.

Depuis cette époque, l'eau de Châteldon fut de nouveau soumise au contrôle de plusieurs auteurs, ce furent d'abord MM. Desbrets fils et Regnier (1) qui l'examinèrent, puis MM. Boullay et O. Henry, membres de l'Académie de médecine (2), qui en firent l'analyse sur de l'eau expédiée à Paris; enfin l'Ecole des mines en fit paraître une également, jusqu'à l'époque où M. Bou-

(1) E. Desbrets. — *Nouvelles recherches sur les eaux de Châteldon.* Broch., 1839.

(2) *Bulletin de l'Académie de Médecine*, t. II, p. 170, 1838; et *Journal de Chimie médicale*, 2e série, t. IV, p. 226, 1838.

quet (1), dans son travail sur les eaux de Vichy et sources environnnates, donna également une appréciation
de la valeur chimique des eaux de Châteldon.

Il est à remarquer que dans ces derniers travaux, il
ne fut question que de la source des Vignes, les sources
de la Montagne étaient frappées d'un injuste oubli ; dans
plusieurs mémoires ayant trait à l'histoire des eaux de
Châteldon, il n'en est souvent fait aucune mention. Ces
eaux sont cependant dignes à plus d'un titre de fixer
l'attention des médecins ; leur minéralisation est telle
qu'elles peuvent, nous n'en doutons pas, marcher de
pair avec celles de plusieurs établissements qui jouissent
d'une faveur méritée.

Nous allons donc dans ce chapitre, et en nous ap-
puyant sur les documents qui nous ont été fournis par
notre analyse, chercher à rendre aux sources de la Montagne la juste célébrité à laquelle elles ont droit, et la
place qu'elles doivent occuper dans le cadre hydrolo-
gique.

En remontant la vallée où coule le ruisseau nommé
Voiziron, à moins d'un kilomètre de Châteldon, et sur
la rive gauche du ruisseau, à une distance de cent mètres environ, on rencontre les sources dites de la Montagne. Ces sources sont au milieu du bois de *Goutte-*
Salade, à mi-côte d'une montagne boisée, et sur le
bord d'un petit vallon qu'arrose un ruisseau. Nous ajouterons qu'à quelques pas de ces sources, on trouve encore, dans les prairies environnantes, quelques filets
d'eau minérale.

Dans un espace de quatre mètres carrés environ,

(1) Bouquet. — *Histoire chimique des Eaux minérales et ther-*
males de Vichy, Cusset, etc. Paris, 1855 ; p. 445, 469 ; in-8°.

sourdent trois sources minérales que protége un abri de construction récente ; elles, sont renfermées dans des bassins circulaires, et le trop-plein s'écoule par la partie supérieure. Ces eaux, comme toutes celles de la même localité, sortent d'un terrain primitif cristallisé, en partie décomposé.

Les eaux de deux de ces sources ont la plus grande analogie pour leurs propriétés physiques et chimiques ; réunies dans un même réservoir, elles forment la source désignée sous le nom de *Source Andral*. La troisième source, présentant comme nous le démontrerons plus loin, quelques différences, a été maintenue distincte de la précédente ; elle forme la source dite du *Mont-Carmel*, nom qu'elle a emprunté à une chapelle de la Vierge, située dans son voisinage.

L'examen analytique a été exécuté en partie à Châteldon même, où l'un de nous s'est chargé de l'analyse des gaz, de l'évaporation des eaux et en outre de l'embouteillage, partie si importante en ce qui concerne l'analyse des eaux acidules. Les autres opérations faites sur les résidus de l'évaporation et sur les eaux expédiées ont été exécutées dans le laboratoire de l'Académie impériale de médecine de Paris.

Après ces quelques préliminaires, nous allons aborder l'analyse elle-même, et sans rendre compte de toutes les méthodes que nous avons cru devoir suivre, sans donner avec détails tous les procédés que nous avons mis en pratique, nous indiquerons néanmoins les points qui nous ont paru les plus capitaux, et sur lesquels a porté spécialement notre attention.

ANALYSE CHIMIQUE

ET

PROPRIÉTÉS GÉNÉRALES.

———

Les eaux de la Montagne de Châteldon sont froides : voici quelle en est la température moyenne prise le 22 avril 1857, l'air atmosphérique étant à + 10° centi-grades : nous avons obtenu les nombres suivants comme moyenne de plusieurs expériences faites le matin, le soir et dans le milieu du jour :

Source *Andral*.......... +   9°, 50.
—   du *Mont-Carmel*. + 10.

L'eau des deux sources est d'une transparence et d'une limpidité parfaites ; aucun dégagement d'acide carbonique ne se manifeste à leur surface, si ce n'est pendant les fortes chaleurs de l'été ; la saveur de cette eau est fraîche, piquante, acidule et très-agréable au goût, celle de la source Andral est plus fraîche, celle de la source du Mont-Carmel est au contraire plus pro-noncée ainsi que son odeur (1).

Soumises à l'action des principaux réactifs chimiques,

———

(1) L'eau de cette source a dans le pays la réputation d'être *légè-rement sulfureuse ;* mais, malgré des essais très-minutieux, nous n'avons pu y déceler la moindre trace de principe sulfuré ; nous pensons que ce phénomène est dû à un degré particulier de minéra-lisation.

voici ce que les eaux de Châteldon nous ont permis de constater.

	Source Andral.	S. du Mont-Carmel.
Teinture de tournesol	Rougit légèrement pour reprendre bientôt sa couleur naturelle....	*Id.*
Sirop de violettes...	Verdit légèrement.....	*Id.*
Nitrate d'argent. ...	Précipité blanchâtre assez abondant...........	*Id.*
Oxalate d'ammoniaque............	Précipité blanchâtre....	*Id.* un peu plus marqué.
Prussiate jaune de potasse.........	Coloration vert-bleuâtre.	*Id.* moins prononcé.
Chlorure de barium.	Précipité blanchâtre peu abondant	*Id.*
S. acétate de plomb.	Précipité blanc très-abondant.............	*Id.*

ANALYSE DES GAZ.

L'analyse des gaz a été faite aux sources mêmes ; pour connaître d'abord la quantité d'acide carbonique total on a opéré sur 250 centimètres cubes d'eau minérale que l'on a traités par une dissolution parfaitement limpide de *chlorure de barium ammoniacal* (12 grammes du premier sel pour 6 grammes d'ammoniaque liquide). Le flacon a été rempli avec de l'eau distillée et bouché immédiatement. Un précipité blanc assez abondant s'est aussitôt manifesté, et, comme moyenne de trois expériences faites à chaque source, nous avons obtenu une quantité de carbonate de baryte qui, rapportée par le calcul à 1000 grammes d'eau, équivaut à

Source Andral.	Source du Mont-Carmel.
13^{gr},00	12^{gr},08

et donne pour l'acide carbonique total (libre et combiné) :

Source Andral.	Source du Mont-Carmel.
2$^{gr.}$, 912	2$^{gr.}$, 666

Nous avons, de plus, cherché à reconnaître si l'eau
minérale ne renfermait pas d'autres gaz que l'acide carbonique ; à cet effet, nous avons distillé une certaine
quantité d'eau dans un ballon muni d'un tube à dégagement et garni d'un bouchon s'engageant parfaitement
dans le col du ballon ; nous avons recueilli le gaz, et,
en l'absorbant par la potasse, nous avons vu qu'il était
formé de gaz carbonique sensiblement pur, puisqu'il
offrait la composition suivante :

Acide carbonique........	98,5
Air.................	1,5
	100,0

Le gaz restant était bien de l'air renfermant un excès
d'oxygène, c'est-à-dire 33 pour 100 (1).

ANALYSE DES PRINCIPES FIXES.

Le résidu de l'évaporation nous a paru formé, dans
chacune des deux sources, principalement de *bi-carbo-*

---

(1) Ces résultats s'accordent parfaitement avec ceux de M. le pro-
fesseur Chevallier, qui examina jadis le gaz de la source des Vignes
et le trouva formé de :

Acide carbonique..........	99	00
Oxygène	»	55
Azote.................	»	65
	100	00

(Bulletin de l'Académie de Médecine, 1858, t. 11, p. 176).

nates *de soude*, *de chaux et de magnésie* unis à une quantité fort notable de *fer* que nous avons également admis à l'état de bi-carbonate ; nous ajouterons que le dépôt ferrugineux qui se forme sur les parois des bassins de réception et dans les rigoles d'écoulement, donne une présomption de plus dans cette manière de voir.

L'arsenic a été recherché avec le plus grand soin dans l'eau des deux sources. Les expériences entreprises sur place par M. Gonod lui ont donné, par le procédé ordinaire, des taches et un anneau arsenical manifestes ; nous avons contrôlé à Paris ces expériences, d'une part, par le même procédé, et, d'autre part, par celui que l'un de nous (1) a conseillé, et qui consiste à doser l'arsenic à l'état d'arséniate d'argent. Dans tous nos essais les résultats ont été conformatifs. Enfin nous avons également reconnu d'une manière non douteuse l'iode et le brôme, que nous avons isolés et séparés à l'état de bromure et d'iodure de cyanogène, et dans l'eau de la source Andral et dans celle du Mont-Carmel.

Nous ajouterons que ces deux métalloïdes si importants, et que nous pensons devoir exister dans cette eau à l'état de bromure et d'iodure alcalin, sans doute unis à la soude ou à la magnésie, n'ont encore été signalés dans aucune des autres sources de Châteldon.

Enfin, d'après les nombreuses expériences auxquelles nous nous sommes livrés sur les eaux de la Montagne, nous nous croyons autorisés à les classer dans les eaux acidules bi-carbonatées calcaires et sodiques légèrement ferrugineuses.

En voici la composition chimique :

(1) *Journal de Pharmacie et de Chimie*, 5ᵉ série, 1855, t. xxviii, p. 53.

POUR UN LITRE D'EAU.

	S. Andral.	S. du M.-Carmel.
Acide carbonique libre.....	2,178	1,885
Bi-carbonate de chaux.....	0,516	0,666
——— de magnésie....	0,268	0,198
——— de soude.....	0,381	0,424
——— de potasse....	0,003	0,005
——— de protoxyde de fer	0,035	0,030
Sulfate de soude et de chaux	0,050	0,090
Chlorure de sodium........	0,030	0,025
Iodure et bromure alcalins. .	non douteux.	non douteux.
Silice, alumine, phosphates terreux, principe arsenical sans doute uni au fer ou à la soude, matière organique................	0,110	0,101
	3,571	3,424

En défalquant dans chacune des sources la quantité d'acide carbonique libre, on trouve pour 1,000 gr. d'eau :

	S. Andral.	S. du M.-Carmel.
Principes fixes........	1^{gr}, 393	1^{gr}, 539

Si l'on divise le poids d'acide carbonique libre trouvé par le poids d'un litre de ce même gaz, on trouve pour chacune des deux sources et par litre d'eau le volume de l'acide carbonique, c'est-à-dire :

Source Andral.	Source du Mont-Carmel.
1^{lit}, 107	0^{lit}, 959

Si maintenant l'on désunit les proportions respectives .

de chaque acide et de chaque base, on obtient pour un litre de chaque source les éléments suivants :

	S. Andral.	S. du M.-Carmel.
Acide carbonique libre et combiné	2,9090	2,6915
Acide sulfurique.........	0,0280	0,0505
— phosphorique évalué.	0,0150	0,0150
Chlore	0,0195	0,0162
Iode et brôme...........	indiqués.	indiqués.
Chaux................	0,2200	0,2620
Magnésie	0,0870	0,0640
Soude................	0,1958	0,2234
Potasse...............	0,0060	0,0028
Sesqui-oxyde de fer......	0,0173	0,0148
Arsenic	indiqué.	indiqué.
Silice et alumine.........	0,1000	0,0900
Matière organique........	traces.	traces.
	3,5976	3,4302

DE L'EMPLOI MÉDICAL

DE L'EAU DE CHATELDON

(Sources de la Montagne).

D'après la composition chimique des eaux de Châtel-don, source de la Montagne, il est facile de prévoir le rôle important que ces eaux sont appelées à jouer dans la thérapeutique.

Leur richesse en acide carbonique libre et combiné,

la présence simultanée du fer, de l'iode, de l'arsenic,
font espérer pour elles un succès que l'on est en droit
d'en attendre, et qui, c'est notre conviction, ne tardera
pas à paraître avec tout l'éclat qui leur est mérité. Sans
être classées dans les eaux acidules les plus riches, ces
eaux possèdent néanmoins une quantité déjà considéra-
ble d'acide carbonique qui permet de les placer avantageusement à côté des eaux de Spa, de Vals, de Saint-
Pardoux et autres qui, depuis si longtemps, ont acquis
une juste célébrité. M. Desbrets père, lors de la décou-
verte qu'il fit de ces eaux, avait déjà fait ressortir avec
talent l'identité qu'elles présentent avec celles du premier établissement de la Belgique, et il avait à ce sujet
publié de judicieuses remarques au point de vue chimique comme au point de vue thérapeutique.

Un avantage incontestable et sur lequel nous ne sau-
rions trop attirer l'attention de nos confrères, c'est cette
union si intime des principes minéralisateurs de cette eau ;
c'est cet état parfait de combinaison entre le fer et l'acide
carbonique, qui les rend fort agréables à boire, car la
saveur en est pour ainsi dire à peine atramentaire, et ne
rappelle que fort peu ce goût d'encre, si désagréable
dans bien des eaux ferrugineuses même médiocrement
minéralisées. Un autre privilége, dû également à l'union
intime des principes minéralisateurs et à la dissolution
parfaite de l'acide carbonique, c'est le dégagement lent
et régulier de ce gaz dans l'estomac ; nous insistons d'autant plus sur ce fait, qu'en faisant usage de ces eaux,
on n'a pas à craindre ces éructations si fréquentes qui
trop souvent se font sentir après l'ingestion des eaux
acidules très-énergiques et surtout des eaux chargées ar-
tificiellement du gaz acide carbonique. Les eaux de la
Montagne ne donnent pas lieu non plus, surtout quand

elles sont prises avec modération , à cette ivresse passa-
gère suivie d'une sorte d'engourdissement et de narco-
tisme, et qui, dans quelques circonstances, peut fournir,
nous le savons, des avantages réels, mais qui peut cer-
tainement donner lieu aussi, chez certains individus, à
des phénomènes souvent préjudiciables; ainsi, chez des
sujets à tempérament sanguin, et adonnés à des travaux sédentaires, à des méditations continuelles, et chez
lesquels on a souvent à craindre une tendance à la con-
gestion, se trouvera-t-on beaucoup mieux de l'emploi
de ces eaux acidules légères que de celui d'eaux beaucoup plus actives.

Cette légèreté caractéristique que l'on attribue à cette
classe d'eaux minérales, est surtout due à la présence de
bi-carbonates calcaires, qui ont une action beaucoup
moins marquée sur le système nerveux que les eaux
à *bi-carbonates alcalins* richement minéralisées. Aussi
l'action de ces eaux bi-carbonatées calcaires est-elle, dit
notre savant confrère M. le Dr Durand-Fardel, beaucoup plus superficielle que celle des eaux sodiques, et
permet, par suite, d'en faire usage chez des sujets à
estomac très-délicat. Cette propriété est des plus impor-
tantes, aussi pensons-nous qu'à des malades que l'on
veut plus tard soumettre à l'action d'eaux acidules très-
actives, comme les eaux de Vichy, de Cusset et autres,
il sera souvent utile et avantageux de faire prendre
d'abord de l'eau de la Montagne de Châteldon, pour les
préparer graduellement et amener peu à peu leur estomac à supporter une médication qui les aurait infailli-
blement fatigués beaucoup, que dans bien des circonstances ils n'auraient pu continuer ou qu'ils eussent été
forcés d'interrompre, sans en avoir retiré tous les avantages qu'ils en attendaient.

C'est principalement dans les affections qui réclament

une excitation lente et modérée, dans les dyspepsies, dans les cas d'anorexie, avec bouche amère, langue saburrale et tout ce cortége obligé d'accidents qui sont liés aux digestions pénibles, que nous les croyons parfaitement utiles.

Cet état d'anorexie qui survient souvent sans causes appréciables, et seulement sous des influences climatériques particulières, pendant des changements de saison et de température, se rencontre fréquemment encore dans les convalescences des affections du foie ou de l'estomac, lorsque ces organes ont été atteints d'une irritation prolongée. Ces eaux acidules légères modifient la composition de la bile, en activent le cours et excitent l'appareil excréteur qui la fournit; c'est cette propriété qui les rend d'un puissant secours contre les calculs biliaires, et c'est dans des cas semblables que les auteurs ont spécialement recommandé les eaux de Saint-Alban, de Saint-Galmier, de Condillac, d'Ems et autres d'une composition chimique analogue; nous joindrons à cette liste les eaux de la Montagne de Châteldon.

Les eaux de la source du Mont-Carmel, et de préférence celles du puits Andral, sont diurétiques, et par cela même appelées à être utilement employées dans toutes les affections de la vessie et des reins, principalement dans celles qui ont passé à l'état chronique; il nous suffira de citer les maladies suivantes, catarrhe vésical, rétention d'urine, pyélite, néphrite, qu'elles peuvent modifier avantageusement. Dans le cas de coliques néphrétiques, il est fréquent de voir les douleurs s'exaspérer souvent par le fait même de l'emploi des eaux, aussi est-il urgent de les administrer le plus loin possible des accès de coliques elles-mêmes (Durand-Fardel).

Nous arrivons maintenant à parler d'une question qui a été longtemps controversée, c'est celle de l'action de

eaux acidules dans les cas de gravelle et même de calculs
vésicaux. Tous les auteurs sont parfaitement d'accord
pour en admettre le résultat, tous reconnaissent aux
eaux acidules une vertu sanctionnée depuis des siècles
dans la guérison de cette affection; mais quant à l'explication qu'ils donnent du fait, elle varie, et de là surtout
naît cette dissemblance d'opinion sur laquelle nous allons
revenir un instant, pour donner ensuite notre manière
de voir dans cette importante question.

Dès la plus haute antiquité, cette remarquable action
des eaux acidules avait frappé l'imagination des médecins
et des naturalistes; en effet, en consultant les ouvrages
anciens, nous voyons que Vitraux s'était occupé de ce
sujet, et qu'il reconnaissait aux eaux acidules une vertu
toute spéciale pour dissoudre les calculs; Avicenne ac-
cordait la même propriété à plusieurs eaux sulfureuses
thermales, et enfin, plus tard, on admit que certaines
eaux salines la possédaient également. Balaruc, Plom-
bières, Contrexeville, Selters, etc., furent tour à tour
vantées, et on rapporta comme preuves à l'appui un
grand nombre d'observations (1). On ne se rendait pas
parfaitement compte des faits qui se passaient dans ces
réactions, et c'est de 1826 à 1840 environ que cette
question, remise à l'ordre du jour, fut reprise par un
grand nombre de chimistes et de médecins. Darcet,
frappé de l'alcalinité que prend l'urine presque immédiatement après l'ingestion de l'eau de Vichy, crut voir
dans ce passage des sels de soude dans les reins et la
vessie, la cause de la dissolution des calculs sous l'influence de ces eaux si riches en bi-carbonates alcalins;
après lui, plusieurs auteurs reprirent la question;

(1) A. Chevallier. *Essai sur la dissolution de la Gravelle et des
Calculs dans la Vessie.* Paris, 1837, in-8°.

MM. Ch. Petit, Chevallier père, O. Henry père, firent
de nombreuses expériences tendant à prouver que réelle-
ment il y a dans l'action des eaux acidules, non-seulement action mécanique, mais bien action chimique;
ainsi, pour M. Chevallier, l'eau de chaux, et en général les eaux très-calcaires ou crues, se combinant à l'a-
cide urique, donnent lieu à un *urate de chaux* très-so-
luble. Ce fait ne pourrait-il pas avoir lieu avec des eaux
bi-carbonatées calcaires comme celles de la Montagne de
Châteldon, plus lentement sans doute qu'avec l'eau de
chaux d'un laboratoire, mais cependant d'une manière
assez manifeste, pour rendre compte des guérisons restées
jusqu'à ce jour sans explication.

D'autres auteurs repoussent toute action chimique;
ils ne voient dans l'action de ces eaux minérales qu'une
manifestation purement mécanique, permettant l'expulsion facile des graviers et même des calculs, et ils
reconnaissent en même temps à ces eaux une action
spécifique particulière imprimant une modification à l'é-
conomie tout entière.

Sans attacher peut-être autant d'importance que ne
l'ont fait quelques médecins hydrologistes à l'action
chimique des eaux acidules bi-carbonatées dans le traitement des calculs, et principalement de la gravelle,
nous croyons cependant qu'elle ne doit pas être entière-
ment bannie; et nous pensons qu'il y a dans ces eaux
une manière d'agir mixte, et qui peut se résumer ainsi :
1°. *Action chimique* plus ou moins énergique, suivant
les circonstances de minéralisation de l'eau, de constitution du malade, de durée de la maladie, et 2°. *Action mécanique* servant à expulser hors de la vessie les
calculs ou leurs fragments.

L'action chimique peut s'expliquer de la manière suivante : « Les effets de l'eau minérale sur les calculs con-

» sistent non-seulement dans la dissolution sensible de
» plusieurs de leurs principes, mais encore dans la dé-
» sagrégation de leurs ingrédients, d'où résultent,
» d'une part, la diminution de volume de ces calculs,
» diminution qui peut amener leur expulsion naturelle
» hors de la vessie par les urines; de l'autre, leur divi-
» sion naturelle aussi, qui conduit aux mêmes résul-
» tats, ou enfin leur plus grande friabilité qui favorise
» singulièrement les effets mécaniques de la lithotritie
» pour les réduire en poudre.

» Cette désagrégation du calcul s'explique par l'ac-
» tion d'une eau chargée d'un bi-carbonate alcalin,
» pouvant contribuer à la solution du mucus et surtout
» changer son état physique en l'hydratant et en la
» gonflant considérablement. » (O. HENRY père. —
Rapport à l'Académie de Médecine, 1839.)

Quant à l'action mécanique, elle est due à la propriété diurétique de ces eaux; la sécrétion urinaire est
considérablement augmentée; de plus, l'acide carbonique agit comme un stimulant, il ranime la contractibi-
lité de la vessie, et les graviers sont entraînés. Dans
quelques cas de calculs volumineux, on a vu quelque-
fois des douleurs aiguës, accompagnées d'hématurie in-
tense, survenir après l'emploi des eaux minérales, et
l'on a attribué à ces dernières ces funestes accidents,
mais il n'en est rien; ils étaient dus simplement au
passage d'un calcul ou d'un fragment trop volumineux qui, par le fait même des constructions vésicales,
était poussé dans le canal de l'urètre, dans lequel il ne
pouvait plus cheminer.

Quoi qu'il en soit, et pour terminer ce que nous
avions à dire sur cette question, nous rappellerons un
fait rapporté déjà par bien des auteurs, c'est que dans
les localités où les eaux minérales acidules existent, il

est très-rare de voir un calculeux ou même un individu
atteint de gravelle; on cite même des endroits où jamais
on n'en a rencontré. Il y a donc là une action spécifique
particulière qui nous fait préconiser une fois de plus les
eaux de la Montagne de Châteldon dans ce genre de
maladies.

Depuis longtemps on recommande les eaux acidules
légères contre certaines affections cutanées coïncidant
souvent avec une inflammation lente des voies digestives, urticaire, couperose, impetigo, certaines dartres
purpuracées, et nous conseillerons également les eaux de
la Montagne en boisson et en bains. Nous ajouterons
que toutes les affections liées à un vice de la menstrua-
tion, chlorose, pâles couleurs si fréquentes chez les jeu-
nes femmes des grandes villes, et qui si souvent se com-
pliquent d'accidents hystériformes et de dérangement
des voies digestives, seront aussi améliorées par ces
eaux ; c'est principalement ici que cette union intime de
l'acide carbonique et du principe ferrugineux, à l'état
de bi-carbonate soluble, a de l'action d'abord en toni-
fiant les tissus et en rendant aux organes une vigueur
souvent perdue en partie, et ensuite en redonnant au
sang une partie du fer qui lui manque.

Certaines leucorrhées rebelles disparaissent également
dans des cas de cette espèce, et nous pensons que l'emploi de bains pris à une température modérée, de douches ascendantes que l'on peut facilement prendre dans
sa baignoire, joint à l'usage de l'eau en boisson, sera ici
d'un excellent effet ; et si, depuis longtemps, on a ac-
cordé à certaines eaux minérales une action toute spéciale sur les organes de la génération, nous pensons
que cette vertu tant prônée de faire cesser la stérilité a
pu être obtenue dans des cas semblables, alors qu'un
repos absolu, une bonne hygiène et un traitement ap-

proprié (bains, douches, boisson) ont pu rendre à l'é-
conomie tout entière une énergie dont elle était privée
depuis longtemps.

Dès l'année dernière, dans un mémoire que nous
avons publié sur l'eau acidule ferrugineuse de Châtebout
(Puy-de-Dôme), nous avons signalé les bons effets ob-
tenus par l'emploi de ces eaux dans certaines conjoncti-
vités de nature scrofuleuse; nous pensons que l'eau de
la source Andral pourra être utilisée également dans les
cas de ce genre, à la fois en boisson et en lotions fréquemment répétées.

Les eaux de la Montagne de Châteldon nous parais-
sent également convenir dans le traitement des fièvres
intermittentes, et M. Desbrets père affirme, dans son
ouvrage, qu'elles sont propres à ces maladies, et il cite
de nombreux cas de fièvres guéries par ces eaux salutai-
res. Malheureusement il ne donne pas de détails sur les
principes minéralisateurs auxquels il croit devoir rap-
porter cette action bienfaisante; aussi allons-nous chercher à combler cette lacune.

Déjà depuis assez longtemps on connaissait l'heureuse
influence des arsenicaux dans les fièvres d'accès, mais
cette médication était à peu près tombée dans l'oubli;
ce n'est que dans ces dernières années que plusieurs
de nos médecins militaires pratiquant en Algérie, et
ayant à combattre ces fièvres périodiques si terribles
pour un grand nombre de nos soldats, pensèrent à em-
ployer de nouveau ce genre de traitement. M. Boudin
surtout étudia la question d'une manière approfondie,
et il vit qu'un assez grand nombre de cas rebelles à
l'action du sulfate de quinine cédaient à l'influence des
arsenicaux. Dans un mémoire plus récent, M. le docteur Fremy est venu confirmer les faits admis par le savant médecin en chef de l'hôpital du Roule.

Nous sommes très-portés à croire que la propriété antipériodique, reconnue par M. Desbrets père dans les eaux de Châteldon, tient à la présence de l'arsenic, que ce métalloïde soit à l'état de combinaison avec le fer, comme cela se rencontre dans un grand nombre d'eaux ferrugineuses, ou qu'il y existe à l'état d'arséniate de soude, comme l'a admis Thénard dans son beau travail sur les eaux du Mont-Dore.

Dans cette dernière hypothèse, il agirait donc d'une manière analogue à celle des solutions de Fowler et de Pearson, dont nos voisins d'outre-Manche ont fait souvent usage avec fruit dans des fièvres d'accès.

Pour terminer cet aperçu sur les propriétés médicales de l'eau des sources Andral et du Mont-Carmel, nous dirons qu'on peut encore en faire un excellent usage au point de vue hygiénique.

Leur parfaite conservation, cette saveur fraîche et agréable, cette acidité qu'elles communiquent au vin sans en masquer le goût, la facilité enfin avec laquelle, bien bouchées, elles peuvent être expédiées au loin sans former de dépôt, comme cela arrive si souvent dans les eaux fortement chargées de principes minéralisateurs, les feront rechercher pour la table, où plusieurs eaux analogues jouissent aujourd'hui d'une réputation européenne.

Quant aux malades qui préfèrent boire cette eau à jeun, quelque temps avant le repas, nous leur conseillerons, s'ils la mélangent à une tisane adoucissante, de la prendre toujours froide, pour éviter que, par la chaleur, elle ne vienne à perdre son acide carbonique libre, et, par suite, une grande partie de son énergie.

Clermont, impr. de Ferd. Thibaud.